AF388475

Heike Haas

„Der Frühling kehrt wieder, den lang' ich erträumt!" aus meinem Gedicht: „Wiederkehr des Frühlings" (S.32) - dieser Satz sagt aus, dass wir an kalten und trüben Wintertagen sehnlichst das Kommen des Frühlings erwarten. Wir wünschen uns Wärme und Licht durch die höher stehende Sonne; blühende Wiesen mit Insekten und Vögeln.

Doch der strahlende Frühling ist nicht plötzlich da - er kommt nach und nach. Die Autorin Heike Haas zeigt in ihren Gedichten die einzelnen Phasen des Fortschreitens der Lebensprozesse in der Natur.

Heike Haas

Der strahlende Frühling

Gedichte und Fotografien

Titelbild: Krokusblüte

Bibliographische Information
der Deutschen Nationalbibliothek:
Die Deutsche Nationalbibliothek
verzeichnet diese Publikation
in der Deutschen Nationalbibliographie;
detaillierte bibliographische Daten sind
im Internet über dnb.dnb.de abrufbar

© 2025 Heike Haas
Verlag: BoD · Books on Demand GmbH,
In de Tarpen 42, 22848 Norderstedt,
bod@bod.de
Druck: Libri Plureos GmbH,
Friedensallee 273, 22763 Hamburg
ISBN: 978-3-7693-3990-1

Heike Haas

Der strahlende Frühling

Gedichte und Fotografien

Kapitel 1:
Sehnsucht nach dem Frühling

Grünende Bäume am Fluss

Sehnsucht nach dem Frühling

Irgendwann

wird die Sonne wieder über grüne Wiesen gehn,

und der rote Mohn an der Rainen der Felder stehn!

Irgendwann

werden Vogelschwärme wieder heimwärts ziehn,

und der Kuckuck ruft aus milder Maienluft.

Gänseblümchen leuchten weiß im Rasengrün,

die Narzisse verströmt ihren süßen Duft!

Irgendwann

kommt wieder Sommerfreude in unser Herz.

Vorbei ist das Dunkel, die Kälte, der Schmerz,

wenn die Sonne wieder über grüne Wiesen geht,

und der rote Mohn an den Rainen der Felder steht!

Blüte der Kugelprimel

Frühlingsahnung

Vor tintenblauem Himmelszelt
ziehn filigrane Wolkennetze
hoch oben ihre feine Bahn;
grauviolette flauschige
darunter schneebeladen fahr'n.

Auf rauen Ackerschollen glimmert
der frisch gefallene Pulverschnee;
am weiten Horizont dort schimmert
ein türkiser heller Streif -
erinnert mich an zarten Klee.

Sternmoos

Ein Polster Moos
aus Sternchen klein,
sie liegen bloß,
sind zart und fein!

Wo Feuchte fließt
in Blättchen ein,
dort sich ergießt
in Zellen rein!

Frühlingshauch

Die Veilchen, sie ruhn noch im Moos,
von wo sie erwachen mit Duft;
sie lassen die Deckung nicht los,
erfüllen mit Sehnsucht die Luft!

Busch-Windröschen werden erblühn
an Böschungen, Rainen und Wald;
es wird dort der Lerchensporn glühn,
und Amselgesang auch erschallt!

Noch bräunlich und fahl ist das Land;
die Sonne mit goldenem Schein
das Dunkel hat weithin verbannt -
nur Flechten gelb leuchten am Hain!

Erster Krokus

Kälte an der Böschung, der gehärmten,
Krokus war im Schatten, frosterfüllt;

komm' nun aus der Erde, der gewärmten,
von den Sonnenstrahlen sanft umhüllt;

erster Krokus, öffne dich dem Licht,
dass es aus der Tiefe dich geleite;

zeige uns dein strahlendes Gesicht -
aus der dunklen Erd' in helle Weite!

Unerwartete Krokusblüte

Unten vor der Backsteinmauer

Gräser standen weißlich fahl;

nach dem kurzen Regenschauer

Sträucher völlig nass und kahl;

plötzlich zogen Wolken glatt,

und der Sonne heller Schein

fiel auf jedes Pflanzenblatt,

dieses sog die Strahlen ein;

unerwartet zwischen Efeu

war im Licht nun gold'ne Pracht:

Krokusblüte frisch und neu,

durch den Sonnenstrahl erwacht!

Krokus

Lila

Der Blütenstand

Den die Sonne treibt

Aus der Zwiebelknolle empor

Krokus

Krokus im März

Märzensonne milchig hell
fließt auf die noch kahle Flur;
Strahlen wirken brennend grell:
ungewohnte Lichtnatur!

Krokus wächst in fahlem Rasen,
Zwiebeln brachten Blätter grün,
Blüten stehn in ihren Basen:
gelb, blau, weiß und lila blühn!

Das allererste Blühen

Noch immer ist die Luft eiskalt,
im rauen Wind die Tränen fließen –
die Erde friert und hofft, dass bald
der Sonne Strahlen sich ergießen.

Heut' sahen wir in Feld und Flur
das allererste Scharbockskraut:
der gelbe Stern sich öffnet nur,
wenn aller Schnee um ihn getaut.

Der Ehrenpreis in Azurblau
hat seine Blüten ausgestreckt –
das Greiskraut mit den Blättern grau
hält seine Triebe noch bedeckt.

Die Taubnesseln in Lilarot,
sie bilden den Rosettenkreis,
wie es der Staude stets gebot,
daneben Sternchenblüte weiß.

Der Moose Sporenkapseln zart,
gewachsen über dunklem Grün
und filigran auf ihre Art,
nun in der Sonne golden glühn.

Die hellen Strahlen sich ergießen
auf die noch kalte kahle Flur –
und langsam frische Farben fließen
ins fahle Antlitz der Natur.

Blaumeisen am Teich

Königsblaue Köpfchen
tummeln sich am Teich:
Wasser für die Kröpfchen
aus dem Gartenreich -

schwirren durch die Äste,
Haselnuss noch kahl;
Staub weht auf die Gäste
gelblichbraun und fahl -

auf und ab sie stieben
zu der Kiefer dort;
picken nach Belieben,
fliegen wieder fort!

Es wird wieder Frühling!

Es riecht in den Beeten so wunderbar süß,
die Sonne erhellt jeden Baum, jeden Strauch;
und Märzveilchen sprießen aus ihrem Verließ,
von den Hyazinthen strömt würziger Hauch!

Narzissen mit hellgelben Glocken sanft nicken,
die Primeln blühn leuchtend in Lila und Rot;
liebreizend die Hornveilchen: wahres Entzücken;
Muscari so blau, wie es ihnen gebot!

Stiefmütterchen senden liebreizenden Duft,
die Tulpen sich öffnen in prachtvoller Hülle;
und streift dann ein wärmender Wind diese Luft,
entwickelt sich Leben in jeglicher Fülle!

Kapitel 2
Das erste Grün

Haselnusskätzchen

Das erste Grün

Das erste zarte frische Grün
im Winter noch, an Bach und Tal:
jetzt sehe ich mit einem Mal
der Haselkätzchen helles Blühn!

Das Buchenlaub liegt braun und dürr,
der Baum ruht noch vom Winter aus;
Clematisfrucht weißschopfig wirr
schickt Wattefäden rau hinaus!

Jetzt sehe ich mit einem Mal
der Haselkätzchen helles Blühn:
im Winter noch, an Bach und Tal
das erste zarte frische Grün!

Knospe eines Laubbaums

Die Knospe

Das Baumgerüst wartet,
bis Licht hindurch dringt;
durch wärmenden Lichtstrahl
die Knospe aufspringt -

entwickelt sich weiter
aus Schichten gerollt,
und wächst heran heiter
zum Blatt, gottgewollt!

Veilchenblüte

Blume der Hecken und Raine,
duftendes Veilchen so nett,
lila die Blüte, die feine -
wartend im Moospolsterbett!

Schlafendes Leben, erwache;
Sonne, schein in unser Tal,
wecke das Blümchen am Bache -
Frühling, komm' wieder einmal!

Frühling, der große Zauberer

Vorfrühlingsstürme durchwehen
die Kronen der kahlen Bäume;
Wolken am Horizont gehen,
füllen die weitesten Räume.

Hellgelbe Kätzchen der Haselnuss,
Staubwölkchen durch die Lüfte ziehn;
lichtgrüne Weidenbüsche am Fluss,
die zwischen hohen Bäumen knien.

Frühling, du kommst jetzt mit aller Macht
über die Höhen gegangen;
hältst nun den Winter verlässlich und sacht
in deinen Armen gefangen.

Frühling in schroffen Felsen

Glänzend schwarze Schieferplatten
Graue Felsen mit weißem Flechtenbelag
Zerklüftet in den steilen Höhen
Von Gesträuch und Kraut überwuchert

Die dunkelgrün glänzenden Lianen
Mit dicken gewundenen Stämmen
Wandern sie die Hänge hinauf
Durch ihre Efeublätter diese beschattend

Das rotbraune Eichenlaub hängt noch fest
Dürre nackte Baumäste stehn zerzaust
In grauen und braunschwarzen Tönen
Monochrom und dunkel, ohne Farbenspiel

Rau ist noch die Luft
Selten die wärmende Sonne
Verwaschen grau das unbelaubte Holz
Der eingewachsenen Bäume und Sträucher

Nur die vom Blütenstaub gelben Kätzchen

Der vereinzelt stehendem Haselnusssträucher

Setzen hier und da verstreut

Farbige Akzente in den Hang

An den unteren Böschungen

Verwandelt sich Grün in Gelb

Bei den üppigen Blüten der Nieswurze

In helles leuchtendes Zitronengelb

Das Leben steht jetzt in den Startlöchern

Das Rheingebirge wirkt mächtig

In Erwartung des Frühlings

Mit seinen wunderbaren Ereignissen

Süßkirschenblüte überall auf den Hängen

Strahlender Goldlack auf den Felsen

Berührender Nachtigallengesang

Und der Flug des seltenen Segelfalters

Die Erde ist belebt

Die Erde ist belebt –
auch wo die Küste karg und arm,
auch wo das Nordpolarmeer bebt,
wo Wüstenstürme heiß und warm!

Die Erde ist belebt –
auf grauen Felsen Flechten glühn,
Weiß, Gelb und Rot sind angestrebt;
das Torfmoor steht in sattem Grün!

Die Erde ist belebt –
an allen Orten dieser Welt
wird Leben stets hereingeweht
in Erde, Meer und Himmelszelt!

Birke im März

Die milde glänzende Sonne
beleuchtet von oben die Flur.

Scheinbar unverändert
steht die Birke fest im Land:
die weiße Borke aufgesprungen,
darunter dunkles Rindenbraun,
trägt schwarze Reisigbesen,
Knäuel feinster Verästelungen;
inmitten hängen verteilt
noch rotbraune Winterblätter.

Für den Betrachter unsichtbar
beginnt das Leben in dem kahlen Baum.

Im Anfang ist die Blüte

Die Blüte träumt,
sie nichts versäumt;
schwebt hin und her,
scheint inhaltsleer;
ist leichter Schaum
vom Weltentraum.

Ohne zu wissen,
kam es zu Küssen;
kostbare Fracht
wuchs über Nacht.

Der Pflanzensaft rinnt,
das Wachstum beginnt;
es wächst die Gestalt
mit aller Gewalt:
die Frucht nun entsteht,
ihr Hochfest begeht.

Die Amaryllis

Aus der Zwiebel tiefstem Grund
kommt hervor ein Stängel grün:
prächtig, dick und urgesund,
langsam fängt er an zu blühn.

An den Enden Blütenglocken,
drei in einer Gruppe stehn,
die Besucher an sich locken –
weiter in die Öffnung gehn.

Offenbaren sich die Farben
in den Streifen Rot und Weiß,
zeigen sich Staubblatt und Narben,
angelegt im Blütenkreis.

Samen bilden sich im Knoten,
während Blütenblätter weichen;
alle Kräfte sind geboten,
um Vermehrung zu erreichen.

Wiederkehr des Frühlings

Der Frühling kehrt wieder,
den lang' ich erträumt;
die Sonne brennt nieder,
das Erdreich sich bäumt

vor strotzendem Leben,
das sich in ihm rührt:
zum Lichte zu streben,
wie es sich gebührt!

Vergangen der Winter,
er bracht' uns nur Pein;
es schaut nun dahinter
der Lenz zu uns 'rein!

Die Natur ist wieder zum Leben erwacht!

Aus der Tiefe der Kronen die Blätter nun sprießen:
sie öffnen sich langsam, sind zart und hellgrün;
der tröpfelnde Regen, er wird sie begießen;
das Schlehengebüsch ist bezaubernd am Blühn!

Die Natur ist doch wieder zum Leben erwacht
nach jener so düsteren trostlosen Zeit;
der Frühling gelangte zu uns über Nacht
mit wärmender Luft vom Äquator her weit!

Das Schlehengebüsch ist bezaubernd am Blühn;
der Frühling gelangte zu uns über Nacht;
die Blätter, sie öffnen sich zart und hellgrün,
die Natur ist nun wieder zum Leben erwacht!

Kapitel 3
Der strahlende Frühling

Huflattichblüten

Huflattiche

Ich seh' euch, leuchtend gelbe Köpfchen
in Scharen aus der Erde sprießen;
ihr seid die seltenen Geschöpfchen,
die Blüt' vor Blättern erst entließen!

Von Silberflaum behaart und matt
dann auf dem schweren Boden liegt
und später wächst – das Riesenblatt,
das über Fels und Steine siegt!

Ich seh' euch, seltene Geschöpfchen,
die Blüt' vor Blättern erst entließen:
ihr seid die leuchtend gelben Köpfchen,
die fröhlich aus der Erde sprießen!

Rote Tulpe

Tulpe im Frühling

Feuerrot

Die Tulpe

In meinem Garten

Durchstrahlt von der Sonne

Frühlingstag

Der strahlende Frühling

Den strahlenden Frühling
die Sonne erschafft:
sie wirkt auf die Pflanzen
mit Saft und mit Kraft!

Der Luftraum erwärmt sich,
zieht Wasser hinan -
als Sog aus der Rinde
der Bäume fortan!

Das Fließen geht weiter,
erreicht auch das Blatt;
dies füllt sich und streckt sich,
entwickelt sich satt!

Es leuchten die Farben
weiß, rosa und grün;
denn jetzt werden Blätter
und Blüten erglühn!

Die wilden Kirschbäume

Wenn sich die Gehölze im Frühjahr entfalten -
es drängt sich das Blattwerk so hell schimmernd vor,
die riesigen Bäume ihr Blütenfest halten:
in leuchtendem Reinweiß sie wachsen empor!

Oftmals sind in Gelb auch Forsythien dazwischen,
erhebend der Anblick der blühenden Schar:
an Bergen und Tälern, überall in den Büschen
weiß, grün und hellgelb – der Frühling wird wahr!

Die Glockenblume

Schau, wie die Glockenblume

Das Blau des Himmelslichtes

In ihrer Blüte spiegelt

Die leuchtenden Frühlingstage

Dies sind die leuchtenden Frühlingstage,
von denen im Winter ich sehnlichst geträumt:
als Antwort auf meine verzweifelte Frage –
nun haben die Bäume vor Blüten geschäumt!

Die Kirschen mit ihrer bezaubernden Blüte,
sie stehen weiß glänzend am grünenden Hain;
die riesigen Bäume erstrahlen vor Güte,
vor berstendem Leben, an Hängen und Rain!

Da haben die Bäume vor Blüten geschäumt
als Antwort auf meine verzweifelte Frage,
von denen im Winter ich sehnlichst geträumt:
hier sind sie, die leuchtenden Frühlingstage!

Blütenknospe

Blühen

Birgt Hoffnung

Auf neues Leben

Denn am Ende stehen

Samen

Die Pechnelke

Polster auf dem Vorsprung kleben
an der schroffen Felsenwand;
Stiele daran weithin schweben,
fein der rosa Blütenstand!

In der Rispe voll entfaltet
zarte Nelkenblüten stehn;
zauberhaft sind sie gestaltet:
zierlich, filigran und schön!

Leuchtende Wiese

Orange

Sie leuchtet

Die herrliche Blüte

Strahlt aus dem Wiesengrün

Habichtskraut

Kirschbaum im Frühling

Unter dir, Kirschbaum, da möchte ich schreiten,
schwelgen im Blütentraum zauberhaft weiß;
du führst mich in deine verhüllenden Weiten,
die schwebende Krone bestimmt diesen Kreis!

Du mächtige Kirsche stehst über dem Tal,
bemerkenswert bitter und herb ist dein Duft;
die Hänge des Rheins sind für dich erste Wahl,
dort flutet nun schon die mild strömende Luft!

Du führst mich in deine verhüllenden Weiten,
die schwebende Krone bestimmt diesen Kreis;
unter dir, Kirschbaum, da möchte ich schreiten,
schwelgen im Blütentraum zauberhaft weiß!

Gelbspannerraupe

Im Rosenstrauch,

fast unsichtbar,

geschieht der kleinen Raupe Leben!

Sie wird sich bald nach eig'nem Brauch,

schon absehbar,

den Kokon zur Puppe weben!

Danach zum zarten Falter auch

verwandelt war,

um im hellen Licht zu schweben!

Blütenblatt und Falterflügel

Adern, vollgepumpt mit Lymphe,
strecken ihnen Flügel weit:
Falter, Käfer und auch Nymphe
fliegen auf in hoher Zeit –

bunte Blütenblätter drängen
aus der Knospe hoch hinaus;
Stempel und auch Pollen zwängen
sich aus engen Röhren aus –

Blüten öffnen sich und lassen
fremde Wesen in sich ein;
diese soll'n das Erbgut fassen,
Nektar fließt in sie hinein –

Adern, Röhren aufrecht stehen
in die Lüfte, in den Raum;
Falter zu den Blüten wehen:
wahr wird dieser schöne Traum!

Kapitel 4
Im Zentrum die Sonne

Das Adonisröschen

Das Adonisröschen

Die Blüte bildet

Eine gewölbte Scheibe

Die das Licht auffängt

Fliegen sammeln sich

Die Blüte zu bestäuben

Aufgeheizt der Raum

Adonisröschen

Gleißend helle Reflektion

Des Sonnenlichtes

Der Goldlack

Im Zentrum die Sonne

Ich grüße dich, Sonne:

heller Gedanke in glitzernder Flur!

Ich schätze dich, Sonne:

wandelst am Himmel in leuchtender Spur!

Ich liebe dich, Sonne:

glühendes Wesen im blauen Azur!

Du bist meine Göttin:

strahlende Sonne, Lebendigkeit pur!

Der Rhythmus des Lichtes

Ein aus der Tiefe sich Erheben:

vom Dunkel sehn wir auf das Licht;

der Rhythmus erst erschafft das Leben,

das immer Gleiche bringt Verzicht!

Es wird die Sonne höher steigen

im Süden in des Tages Lauf;

und wird sich länger aufwärts neigen;

die Nacht wird kürzer im Verlauf!

Und alles, was wir hier erleben,

das Licht sei wenig, mäßig, viel;

ob Hitze brennt, ob Stürme beben:

die Sonne ist der Erde Ziel!

An die Sonne

Sonne, führe Birkenäste
in das helle klare Licht;
grünen lass' zum Frühlingsfeste
ihrer Blätter zart' Gesicht!

Lass' die Winternebel ziehen,
löse dunkle Wolken auf;
gelbe Kätzchen werden blühen,
Pollen stäuben weit hinauf!

Und die feinen Narben saugen
Blütenstaub aus freiem Wehn,
dass die frischen Nüsse taugen,
deren Samen jung erstehn!

Märzensonne

Sonne scheint durch braune Blätter,
die sich an den Zweigen drängen;
die nach eisig kaltem Wetter
noch am Birkenreisig hängen!

Sonne, wärme kahle Bäume,
dass sie Knospen auswärts treiben;
duftig leichte Blütenträume
woll'n sich Milde einverleiben!

Sonne, scheine mild und gebe
deine Güte in den Raum -
dass die ganze Erde lebe
diesen einzig wahren Traum!

Das Märzveilchen

Das Märzveilchen blüht

In samtigem Violett

Dort im Rasenbeet

Aus den Blüten steigt ihr Duft

Und erfüllt herbsüß den Raum

Spitzahornblüte

Der Baum leuchtet hell

Weit in die Landschaft hinaus

Ein Bild des Frühlings

Gelbgrüne Blütenbüschel

In der Baumkrone hängen

Die Kraft der Sonne

Das Leben ist urplötzlich explodiert –
vom Licht und der Wärme der Sonne getrieben;
die Blüten, sie wachsen jetzt ungeniert,
kleinste Blättchen nach außen sich schieben!

An der Böschung leuchtet das Scharbockskraut,
dottergelb blühend im riesigen Beet;
das Buschwindröschen, die reinweiße Braut,
mit dem Lila des Veilchens in Einklang nun steht!

Die rein weißen Knospen am Schlehenstrauch:
bis heute waren sie fest verschlossen;
jetzt braucht's noch einen Sonnenhauch,
und die Blüten erglühen entschlossen!

Kirschbaum am Rhein

Warm strömt es aus dem Schieferstein -
der Rhein, er fließt, belebt dein Sein:

du riesengroßer Süßkirschbaum,
gefüllt mit weißem Blütenschaum,

mit Blütenpracht so wunderschön:
dies Bild dürfte niemals vergehn!

Frühling auf Felsen

Goldlack

In Felsenklüften

Verborgen in Nischen

Von der Sonne erhitzt

Glühend

Thymian

Blütenkleid auf Felsen, kleinen:
rosa Teppich flach und rund;
Sonnenstrahlen ruhn auf Steinen,
Hummeln sammeln Glut zur Stund'!

Hitze bringt den Spross zum Glühen,
Lippenblüte duftet streng;
und mit ihrem heißen Blühen
öffnet sie die Röhren eng!

Und die Hummeln aus ihr saugen
jenen süßen Nektarsaft;
dadurch zum Bestäuber taugen,
letztlich durch die Sonnenkraft!

Sonnenpflanze Thymian

Sonne brennt auf Felsen nieder,
Thymian gedeiht dort wild.
Flache Triebe sprossen wieder,
ähneln einem flachen Schild.

Wärme, Hitze, Sonnenglut:
Sommerlüfte brütend heiß
treiben an das Pflanzenblut,
Duft verdampft im Blätterkreis.

Blüten drängen aus dem Grund
rosa-lila, zart und schön;
formen Lippen, fein und rund
und die Bienen kommen, gehn.

Kapitel 5
Der Doldenmilchstern

Der Doldenmilchstern

Der Doldenmilchstern

Die Heimat der Pflanze: der Waldesrand;
sechszählige Blüten, sie öffnen sich weit;
das Pflanzenbeet ist wie ein endloses Band,
die Stängel am Boden, sie lagern sich breit!

Ein schimmerndes Leuchten liegt über dem Land,
auf welchem die Ornithogalum steht;
bei Pflanzenfreunden ist längst schon bekannt,
dass kein Lenz ohne Milchstern vergeht!

Die streifigen Knospen in Dolden gestaltet,
ein blaugrüner Schopf auf dem Pflanzenstiel ruht;
in Fülle sich strahlendes Reinweiß entfaltet,
im Sonnenschein nur, in der Mittagsglut!

Das Hornveilchenbeet

Hornveilchen

Wie lieb und wie reizend die Hornveilchen sind:
sie lächeln mit einem so süßen Gesicht;
sich öffnende Knospen stets rein wie ein Kind,
als Blüten sie wenden sich vollends zum Licht!

Sie saugen die Strahlen der Sonne hinein,
und alle Gesichter schau'n hoch zu ihr auf;
fließt Wärme von dort in die Víolen ein,
von unten strömt Duft in den Luftraum hinauf!

Hell leuchtet das Pflanzenbeet, sonnenbeschienen,
die Farben sind bunt: gelb, weiß, lila und rot;
Besucher, die Bienen, sind auch schon erschienen,
sie saugen den Nektar, wie's ihnen gebot!

Viola, das Hornveilchen

Viola strahlt vor Güte,

von braunem Samt umrahmt;

die leuchtend gelbe Blüte

hat ein Gesicht umarmt!

Stiefmütterchen

Stiefmütterchen, du bist ein netter Gesell',
blickst mich mit lieblichen Äugelein an;
gebettet in gelbes und lila Pastell;
wachse du Blüte, nur immer voran!

Du brachtest den Frühling hinein in die Welt,
vor kurzem sie war noch in Trübsal gehüllt;
du locktest die Sonne ans luftige Zelt,
das weithin von süßestem Duft ist erfüllt.

Wachse du Blüte, nur immer voran,
gebettet in gelbes und lila Pastell;
blick' mich mit lieblichen Äugelein an:
Stiefmütterchen, du als mein trauter Gesell'!

Wildes Stiefmütterchen

Stiefmütterchen, träumst du noch in stiller Kluft?
Verbreitest du schon den vertraut-süßen Duft?
Die Knospe geöffnet, in Gelb und in Blau
mit schwärzlichen Malen, gezeichnet genau!

Nun schiebst du dich aus deinem Winterverschlag
am heutigen herrlichen Vorfrühlingstag;
die Sonne scheint weit in die Nischen hinein,
erweckt dich zum Leben, dem Erdendasein!

Das Duftveilchen

Im Brombeergerank, unter hölzernen Stielen
wächst verborgen ein Kleinod in Samtviolett;
lässt sich von milderer Märzluft umspielen,
erwartet den Frühling in schattigem Bett.

Ein feinsüßer Duft dringt aus seinem Versteck,
und spricht nun die Sinne der Hummeln an:
sie fliegen am Boden und suchen das Leck,
das sich für die Tierchen hat aufgetan.

Es lässt sich von milderer Märzluft umspielen,
erwartet den Frühling in schattigem Bett:
im Brombeergerank, unter hölzernen Stielen
wächst verborgen ein Kleinod in Samtviolett.

Der Persische Ehrenpreis

Hier steht ein Blümchen im Rasengrün
unscheinbar und klein auf der Erden –
mit winzigen hellblauen Augen am Blühn;
will wachsen und stattlicher werden!

Die Äuglein mit purpurnen Zeichen geschmückt,
ein grüngelbes Fleckchen inmitten gemalt –
Ich bin von dem kleinen Blümchen entzückt,
das mir aus dem Feldrain entgegen strahlt!

Das Leberblümchen

Die kreisrunde Blüte in Hellazurblau
mit weißlichen Ketten so herrlich geschmückt;
das eckige Laubblatt in grünlichem Grau
ist mit einer glänzenden Wachsschicht bestückt!

Geliebtes bescheidenes Blümchen, du bist
tief in den Wäldern, am Waldrand verborgen;
wenn du deine rundlichen Fahnen jetzt hisst,
dann nur in der Absicht, für später zu sorgen!

Die kleinsten Insekten, sie kommen zu dir
zur schimmernden Sphäre der Farben und Düfte;
sie fliegen mit größtem Vergnügen zu ihr,
der Blüte gezielt - nun durch mildere Lüfte!

Mit weißlichen Ketten so herrlich geschmückt
die kreisrunde Blüte in Hellazurblau;
da hast du die vielen Wesen beglückt:
für sie bist du mehr als nur Farbe und Schau!

Bärlauch

Mit weißen Dolden

Der sternförmigen Blüten

Wächst er am Waldrand

Der Duft gestielter Blätter

Hat den Geruch von Knoblauch

Moosbeeren

Kleine zarte Moosbeerenblüte,
rosa Zipfel zurückgeschlagen.

Von flaumweich erhöhten Polstern
harte kriechende Ästchen ragen.

Auf Wärmeinseln, den Bülten,
umgeben von schwankendem Moor.

Aus Blüten wurden Beeren,
rotglasig treten sie hervor.

Die schweren Kugeln schieben sich
auf ihren Torfmoospolstern vor.

Waldmeister

Weiß

Die Sternchen

Vierzählige winzige Blüten

Tragen süßen würzigen Duft

Mai

Rote Taubnessel

Dunkelgrünes raues Blatt,

hast den langen Winter satt;

Adern rissig eingesenkt,

wirst nun aus der Erd' gelenkt;

Paarig sind der Blätter viel,

rot und kantig ist dein Stiel;

Lila Blüten buschig stehn,

Lippen in die Tiefe gehn -

Wo der Nektar ist verborgen,

der die Hummeln wird versorgen.

Liebe Blume, überall

prangt dein Purpur-Blütenball!

Kapitel 6
Bienenleben

Biene an Krokusblüte

Bienenleben

Bienen

Besuchen summend

Die goldgelben Weidenkätzchen

Um Pollennahrung zu sammeln

Frühlingsbeginn

Hummel auf Distelblüte

Die Hummel und die Distel

Eine Hummel heute pflügte
sich durch die Kugeldistelblüte:

mit ihren Beinen eingegraben,
umarmt die Distel, um zu haben

feine süße Nektartracht,
die aus der Blüte saugt sie sacht;

und allen Spuren geht sie nach
in diesem Blütenstand, gemach;

lässt keine Röhrenblüte aus,
aus der die Nahrung quillt heraus;

verlässt die Distel satt und froh,
und hat bestäubt sie anderswo!

Die Biene und der Löwenzahn

Die Honigbiene langsam kroch
in jene Körbchenblüte ein,
sank hin mit ihren Beinchen noch,
drang endlich in den Kelch hinein!

Aus vielen Röhren nach und nach
sog sie den Nektarstrom heraus;
man lieferte nach dem Vertrag -
das löste die Bestäubung aus!

Die Biene war am Löwenzahn
und dessen Blütenkörbchen zart;
bald schwebte sie auf hoher Bahn;
zur nächsten Blüte ging die Fahrt!

Amselgesang

Der Amselgesang

Aus atemloser Stille

Direkt in mein Herz

Ergreifend die Melodie

Süß der Amselgesang,

sehnsuchtsvoll sein Klang.

Ergreifend die Melodie -

ich bin gerührt wie nie.

Melodien aus den Lüften

Anfang März die Amsel singt
abends von dem hohen Baum;
Freude aus dem Lied erklingt:
Winterende, welch' ein Traum!

Melodien aus den Lüften
senken sich hinab ins Herz;
süßer Hauch von Veilchendüften
strömt nun auch bald himmelwärts!

Der Eisvogel

Ein schillerndes Wesen,

smaragdgrün und blau

in leuchtender Schau -

kostbar und erlesen!

Pfeilschnell dieser fliegt

zur Röhre, gegraben,

die Jungen zu laben -

sein Nestbau dort liegt!

Die Nahrung ist da

mit Fischen, gefangen,

die rasch sie bezwangen:

das Eisvogelpaar!

Bald Jungvögel starten:
sie tauchen im Fluss,
wo Nahrung sein muss -
ihr Leben erwarten!

Den Sommer genießen:
verbringen die Tage
am neuen Gelage -
hinüber sie schießen!

Smaragdgrün und blau,
in leuchtender Schau
die schillernden Wesen -
kostbar und erlesen!

Die Bachstelze

Die Bachstelze schwingt

Ihr Schwänzchen auf und nieder

Wippt nahe am Fluss

Die Schwanzmeise

Sie schwingt sich in zartem und vornehmem Grau
in Äste der Haselnuss leichtfüßig auf -

dort leuchtet es golden aus Lüften zartblau,
und lockerer Blütenstaub nimmt seinen Lauf!

Kohlmeise beim Baden

Zartgelb

Und ultramarinblau

Farben der Kohlmeise

Schüttelt die Federn aus

Beim Baden

Zaunkönig am Teich

Trinkt von Böschungsrändern
Wasser aus dem Teich,
fliegt von Rasenbändern
auf ins Inselreich!

Unter Nymphenblättern
duckt er sich vorbei,
wird sie überklettern -
ist dann wieder frei!

Huscht durch Wasserlinsen,
pickt Insektenbrut,
weiter dann zu Binsen -
seine Welt ist gut!

Kapitel 7
Wer bist du, schöner Schmetterling?

Der Dickkopffalter

Der Dickkopffalter

Im Knäuelgras sitzt sie,
die grünliche Raupe:
beißt Stücke der Gräser
als Nahrung sich ab!

Die Larve verpuppt sich
an schützenden Halmen;
daraus schlüpft erwachsen
der Falter vorab!

Er saugt an den Blüten
von Möhre und Dost:
daraus zieht er süßlichen
Nektar und Trost!

Hellocker der Dickkopf,
die Flügel gestellt:
dies ist wohl der netteste
Falter der Welt!

Der Kleine Fuchs

Der Kleine Fuchs

Er gaukelt in riesigen Kreisen umher
und landet dann sacht auf dem taufrischen Gras;
verzehrt einen Tropfen vom köstlichen Nass,
versucht zu erspür'n, wo die Sonne kommt her!

Die Flügel nun richtet er vollständig aus
zu prickelnden Strahlen, sucht Wärme und Licht;
er wandert ein wenig nach vorne hinaus,
die Flügel, die schwenkt er, leicht, ohne Gewicht!

Und zeigt seine wunderbar farbige Pracht
wie Glasmosaike in Gelb und in Blau;
auch hat er uns rotbraune Farben gebracht
und weißliche Punkte am Flügelrand grau!

Schmetterling, bleib' noch ein wenig bei mir
und folge mir nach zu dem leuchtenden Rain,
denn Tausende duftender Blüten sind hier,
die alle warten, besucht woll'n sie sein!

Wer bist du, schöner Schmetterling?

Wer bist du, schöner Schmetterling,
der du in vielen Welten lebst?

Als Raupe kriechend am grünen Blatt,
an dem du vor Verlangen bebst;

als Puppe ruhend an ihrer statt,
indem du einen Kokon dir webst;

als Falter wirst du von Nektar satt,
wenn du von Blüte zu Blüte schwebst!

Eigentlich bist du,
in des Lebens Sturm -
eine regsame Larve,
ein fliegender Wurm!

Der Apollofalter

Der Falter leuchtend weiß

Apollo wird genannt:

saugt an der Distel leis',

umhüllt von meiner Hand -

dies wundervolle Wesen

mit Flügeln rot bemalt;

von Seide hell, erlesen,

in purem Gold erstrahlt!

Falter im Vorfrühling

Schmetterling im Regen
hat sich schon versteckt;
wird sich dann erst regen,
wenn die Sonne bleckt!

Flattert in die Lüfte,
nimmt die Wärme wahr,
wittert tausend Düfte,
ist dem Himmel nah!

Das Taubenschwänzchen

Taubenschwänzchen, du lieblicher Gast
sei du in unseren Gärten daheim;
schwärme hinaus, ohne Eile und Hast,
bei Tage, im leuchtendem Sonnenschein!

Finde dich aufrecht vor'm Blütenkelch ein,
spüre den herbsüßen Nektartrank,
tauche hier tiefer den Rüssel hinein -
für dein bezauberndes Wesen hab' Dank!

Wenn ich eine Raupe wär'

Wenn ich eine Raupe wär',
hielt' ich mich stets verborgen
in kleiner Gruppe, familiär –
so lebt' ich ohn' ein Morgen!

Wenn ich eine Raupe wär',
sehnt' ich mich nach grünem Klee,
ich liebte zarte Kräuter sehr
und kröch' hinauf mit sanftem Dreh!

Wenn ich eine Raupe wär',
versiegte mein Hunger - sobald
ich würd' verwandelt, visionär
zur Puppe, starr, steif und kalt!

Als solche braucht' ich nur zu ruhn
und hätt' mich dem Schicksal zu fügen;
für mich gäb' es nicht mehr zu tun,
als starr auf dem Baumast zu liegen.

Bis in mir aufbräche das Leben:
der Falter, der in mir geruht',
nun schlüpfte mit heftigem Beben –
ich wär' es selbst – in farbiger Glut!

Blütennektar

Blumen

Einer Wiese

Nur für Schmetterlinge

Mit reinem Nektar gefüllt

Leben

Das Tagpfauenauge

Vier geheimnisvolle Augen
blicken dich nun drohend an:
in sattem Himmelblau,
mit dunkler Marmorierung
und weißem Wölkchenrand,
mit tief schwarzer Pupille
schimmern sie deutlich im Licht!

Du fliehst vor der Bedrohung,
vor dem allzu starken Gegner,
der dich anzugreifen droht,
in dein sicheres Haus!

Dabei waren es nur die Male
auf den Flügeln dieses Schmetterlings!

Fliegen mit dem Wind

Sieh die bunten Schmetterlinge
gaukelnd durch die Lüfte fliegen;
als würd'st du auf der Adlerschwinge
in weite Fluren schauend, liegen!

Du flögst umher durch Berg und Tal
zu fernen Böschungen und Rainen;
fühlt'st dich zuhause überall,
möcht'st mit dem Weltgeist dich vereinen!

Wenn du würd'st auf der Adlerschwinge
in weite Fluren schauend, liegen -
fühlt'st dich wie bunte Schmetterlinge,
die gaukelnd durch die Lüfte fliegen!

Falter an der Gundelrebe

Ich sah ihn aus den Lüften sinken
und schwanken auf der Wiese Grün;
der Falter wollte Nektar trinken:
die Gundelrebe war am Blühn!

Lippen in Blau sich öffneten weit,
schenkten dem Schmetterling süßesten Trank;
er saugte voll Lust und voll Herrlichkeit:
gab an die Blume den innigsten Dank!

Kapitel 8
Am Wasserspiegel

Weiße Seerose

Seerose am Morgen

Knospe

Grün umgeben

Von dem Kelchblattkranz

Blüte

Wird sich regen

Und sich öffnen ganz

Über'm

Wasser schweben

In des Lichtes Glanz

Um

Dann zu erleben

Der Libellen Tanz

Die Sumpfdotterblume

Sumpfdotterblume

Leuchtendgelb

Die Sumpfdotterblume

Wuchert in Bulten

Am Bachrand fest verwurzelt

Wasser

Weiße Seerose

Winterzeit vergangen,
tief im Schlamm vertäut,
hast du angefangen:
Stängel treibst erneut!

In Bewegung bleibe,
blüht der Sauerklee:
Wasserrose, treibe
aus in Teich und See!

Recke deine Blätter,
in den Stielen hohl,
hoch bei Frühlingswetter,
fühl' dich dabei wohl!

Lass' die Blumen sprießen:
Knospen grün behaucht;
Weiß wird sich ergießen,
Blütengrund gestaucht!

Und im Sommer blühe
nah' dem Riesenblatt;
leuchtend weiß erglühe
über'm Wasser satt!

Wasser

Von den Wolken sich ergießt,

an Fels und Steinen läuft es ab,

als Rinnsal in das Tal hin fließt,

von Höhen in das Meer hinab!

Wasser ist, was sich bewegt

von hoher Warte tiefer hin -

und dort, wo sich das Leben regt,

hat dies im Wasser den Beginn!

Frühlingsbirke am Bach

Gelbgrün schwebend

Zärtlich bebend

Birke schwingt entlang des Hains

Fließen, Strömen

Rauschen, Tönen

Birke und der Bach sind eins

Regen im März

Dunkles Wasser,
düst'rer Tag;
Regen auftrifft,
wie er mag!

Tropfen fallen
in den Teich;
Kreise schlagen
diese gleich!

Wellen ziehen,
Teich erbebt;
Algen grünen -
Wasser lebt!

Die Wolke

In stahlblauer Luft

Dehnt sie sich wie Watte aus

Und vergeht dann sanft

Der Regenbogen

Ein Regenschauer bricht herab,
wird weggepeitscht vom jähen Wind,
die letzten Blätter flattern welk
und Wolken fliehen rasch hinab;
da strahlt die Sonne durch's Gewölk,
auf jene Regenfront, die blind
entlang des Horizontes treibt!

Die Sonne, die das Zeichen schreibt
nun in das hohe Himmelsrund:
da spannt ein Regenbogen weit
sich über Berg- und Talesgrund,
und heftig leuchtet's farbig bunt
in Lila, Blau, Rot, Gelb und Grün,
die Welt scheint gleißend hell zu glühn!

Die Wolken ziehn, sich weiter drehn,
das mächt'ge Feuer decken zu;
das Farbenspiel verblasst im Nu,
erloschen ist das Phänomen!

Am Wasserspiegel

Weiße Schäfchenwolken
spiegeln sich im Teich;
Wind schlägt kleine Wellen
in dem Wasserreich.

Schärfe weicht dem Fließen,
zitternd nun verschwimmt;
Wolken sich ergießen,
Strom sie mit sich nimmt.

Regen im Teich

Tropfen einzeln fallen,

schreiben einen Kreis;

weit nach außen wallen:

Ringe - laufen leis';

und sich überschneiden,

dabei sich durchdringen;

langsam dahin scheiden

zu verflachten Ringen.

Mairegen

Gedämpfte Welt in trübem Licht:
in dunklem Grün stehn ferne Wälder;
es scheint die Sonne heute nicht,
in trübem Gelb Rapsblütenfelder!

Das helle Grün hängt von den Bäumen,
und senkt sich über nasse Straßen;
der Regen prasselt an den Säumen,
wo graue Schöllkrautbüschel saßen!

Die roten Blütenkerzen treiben,
zu dem Kastanienbaum gesellt -
und Tropfen an den Autoscheiben,
durch Regen - blick' ich in die Welt!

Kapitel 9
Frühlingszeichen

Blüten der Forsythie

Frühlingszeichen

Die Forsythien blühn
als ein brennender Strauch
über braunem Buschwerk und Land!

Ihre Zweige erglühn
mit heiß flammendem Tusch,
in goldgelbe Farbe gebannt!

Vieltausende Sterne
in Nähe und Ferne
stehn hell erleuchtet in Brand!

Kirschblüten

Kirschblüten

Weiß

Die Blüten

Wie sie schweben

An den braunen Zweigen

Leichtigkeit

Kleiner Kirschenwalzer

Baum ....   Ast ....   Blüte .... Traum
zart ....   weiß ....   rosa .... Schaum

Licht ....   hell ....   Leben .... Blatt
Frucht ....   rot ....   Süße .... satt

Ende der Kirschblüte

Bei kühlem Wetter
Kirschblütenblätter
in Massen fliegen,
am Boden liegen!

Anfang des Mai
das Leuchten vorbei:
Geschmeide zerronnen -
die Frucht hat begonnen!

Der Forsythienstrauch

Urplötzlich erstrahlt die Sonne
unnatürlich warm und hell
über der noch leeren öden Flur;
nur die Forsythie gibt dem Himmel
sein goldenes Leuchten zurück!

Forsythie, du sattgelb blühender Busch,
ragst hervor aus dem Einheitsbraun
der noch schlafenden Sträucher und Bäume;
dicht übersät von goldgelben Blütenkelchen,
verzauberst du die Natur!

Zartgrüne Blätter werden noch sprießen;
gelbgrün die Dolden der Ahornbäume,
weißduftige Pflaumenblüte,
und das Hellrosa des Weinbergspfirsichs!

Birkenfrühling

Frische Blättchen, zartgrün duftig
brechen aus den Knospen aus;
schweben nun im Frühtau luftig,
drängen aus dem Zweig heraus!

Leis' beginnt der Baum zu beben,
Säfte in den Stamm einfließen,
- nun beginnt sein neues Leben -
in die Spitzen sich ergießen!

Frische Blättchen, zartgrün duftig
brechen aus den Knospen aus;
schweben nun im Frühtau luftig,
drängen aus dem Zweig heraus!

Der Quittenbaum

Zarte rosa Blüte

sprießt am Quittenbaum;

sprengt aus lauter Güte

luftig leichten Schaum!

Später in dem Jahre

wächst als eine Wucht

diese schöne Ware:

gold'ne Quittenfrucht!

Die Quitte

Zartrosa

Die Blüte

Die du treibst

Aus dem starken Holz

Quittenbaum

Flieder

Ein trüber kühler Frühlingstag,
die Kirschen sind schon abgeblüht;
die Welt vordem in Weiße lag,
ihr Blütenfall, er kam verfrüht!

In den Gärten blüht der Flieder,
vom Sturmwind hin und her bewegt;
weiß und lila grüßt er wieder,
die hohen Dolden stark erregt!

Mit Farbe und mit süßem Duft
erfüllen sie die kühle Luft,
die böig schauernd sie umweht;
ein Regenschauer niedergeht!

Der Seidelbast

Zögernd dringt das fahle Licht
in den blattlos kahlen Wald -
wo es sich am Boden bricht,
der vom Schnee noch eisig kalt!

Kleiner grauer Frühlingsstrauch,
übersät vom Rosabraun
zarter Blüten wie ein Hauch -
ästelst in des Waldes Zaun!

Dann fluten süße Düfte
durch unbelaubte Kronen
bei sanftem Wehn der Lüfte
hinaus in alle Zonen!

Rosa Blüten, starker Duft
locken Flieglein zu dir hin:
diese strömen mit der Luft,
feiern mit dir Lenzbeginn!

Frühling strömt aus dem Baum!

Sonnenschein liegt auf dem Wald,
Wasser empor steigt im Stamm;
Erdreich ruht immer noch kalt,
weiterhin feucht, kühl und klamm!

Wasserdampf zieht in den Raum,
treibt dabei Säfte hinan;
Frühling strömt nun aus dem Baum,
unsichtbar Leben fängt an!

Feuchte, sie fließt jetzt ganz leicht
in die umgebende Luft;
Blüten nun werden erreicht,
folgen mit süßlichem Duft!

Knospe bricht hart aus dem Ast,
weiß ist ihr Blühen wie Schaum;
Blätter vom Sog dann erfasst:
Frühling nun strömt aus dem Baum!

Holunderblüte

Weiß

Der Holunder

Herrlich duftende Dolden

Schmücken die sonnigen Feldraine

Frühsommer

Kapitel 10
Abendhimmel

Roter Abendhimmel

Abendhimmel

Wolken ziehn vorüber,
dunkelblaues Band;
hinter'm Bergkamm leuchtet
scharlachroter Brand!

Blau mit Grau sich breitet
über'n Himmel aus;
und das Rot sich weitet,
strömt ins Tal hinaus!

Sonnenuntergang

Sonnenuntergang

Glut der Sonne
über'm Bergkamm

Vor den Bäumen
flirren Strahlen

Unscharf schimmern
blaue Wälder

Fledermäuse am Abendhimmel

In der Abenddämmerung
warten wir auf sie:

blitzesschnelle Schatten
schießen durch's Gebüsch;

federleicht sie folgen
dem Insektenflug;

sausen rauf und runter
durch den Garten hin;

mit der Flughaut gleitend
ohne jeden Laut;

ihre Ziele ortend
nur durch Ultraschall;

senken sich auch lautlos
nieder auf den Teich;

trinken dann im Fluge
aus dem Spiegel plan;

sie sind Säugetiere,
Jungtier wird geboren;

tags, da schlafen sie;
Dunkel lässt sie jagen,

knistern in der Böschung,
spüren Mücken auf;

mit den Zähnen beißen
sie die Nahrung klein;

Klacken ist ihr Zeichen
innerhalb der Art.

Glühwürmchen leuchten

Glühwürmchen leuchten

Als neongelbe Punkte

Im Dunkel der Nacht

Vom Abend zur Nacht

Sichelmond von hellem Blau umhüllt,
Horizont mit rotem Dunst gefüllt!

Der Abend mündet in die kühle Nacht,
die tausend Sterne funkelnd klar entfacht!

Und unser Mond ist sacht' herabgesunken,
er hat der Sonne helles Licht getrunken!

Wolkenträume

Wolken ziehen schwellend auf,
wogen in die Bläue ein -
weiß und grau sie wehn herauf,
wollen bald am Himmel sein!

Weit entfernt sie von uns treiben,
schäfchenweich sie sich liebkosen,
filigran sie dort verbleiben -
immer feiner, zart wie Rosen!

Wolken, Sonne und Wind

Wölkchen Weiß auf Blau
Driften den Himmel entlang
Befördert vom Wind

Silbriges Glänzen
Sonnenstrahlen sich brechen
Blitzen zur Erde

Wolken am Mittelrhein

Weiße Wolken durch die Landschaft ziehn,
über schroffe Berge sich bemühn -

auch die hohen Burgen überwinden,
und sich immer wieder neu erfinden!

Abend am Fluss

Kormorane fliegen
dicht über dem Fluss.

Strom und Ufer liegen
in innigem Kuss.

Bis die letzten Strahlen weichen,
sich nur noch die Höh'n erhellen.

Lass' noch etwas Zeit verstreichen,
vergeht das Glitzern auch der Wellen.

Ostermond

Vollmond

Im Frühling

Das helle Licht

Steht über blühenden Bäumen

Ostern

Insel im Kobaltblau

Wie eine Insel im Kobaltblau
steht nun der Vollmond am Himmelszelt:
zitronengelb leuchtend, mit ganz wenig Grau,
präsentiert er sich strahlend der ganzen Welt!

Des Himmels kostbare blaue Seide
verwandelt sich fließend in schwarzen Samt;
der Mond in seinem festlichen Kleide,
er leuchtet nun weißlicher insgesamt!

In uns're Herzen, da scheint er hinein
mit seinem so zarten und tröstenden Licht;
er lässt uns im Dunkel nicht allein,
zeigt immer sein liebes und treues Gesicht!

Kapitel- und Titelverzeichnis

1. Sehnsucht nach dem Frühling

2. Das erste Grün

Lateinische Namen der Pflanzen und Tiere

<u>1. a) Pflanzen, krautige (botanische Namen)</u>

Adonisröschen .... Adonis vernalis
Amaryllis .... Hippeastrum-Hybriden
Bärlauch .... Allium ursinum
Distel, Kratz- .... Cirsium vulgare
Ehrenpreis, Persischer ... Veronica persica
Glockenblume .... Campanula persicifolia
Goldlack .... Erysimum cheiri
Greiskraut, Gemeines .... Senecio vulgaris
Habichtskraut, Rotes ...... Hieracium aurantiacum
Hornveilchen .... Viola cornuta
Huflattich .... Tussilago farfara
Krokus .... Crocus vernus
Leberblümchen .... Hepatica nobilis
Lerchensporn, Hohler ..... Corydalis solida
Löwenzahn .... Taraxacum officinale
Milchstern, Dolden- .... Ornithogalum umbellatum
Moosbeere .... Vaccinium oxycocus
Nieswurz .... Helleborus foetidus
Pechnelke .... Lychnis viscaria
Primel, Kissen- .... Primula vulgaris
Primel, Kugel- .... Primula denticulata
Scharbockskraut .... Ficaria verna
Seerose, Weiße .... Nymphaea alba
Sternmoos .... Sagina subulata

Stiefmütterchen .... Viola wittrockiana
Stiefmütterchen, Wildes   Viola tricolor
Sumpfdotterblume .... Caltha palustris
Taubnessel, Rote .... Lamium purpureum
Thymian .... Thymus vulgaris
Traubenhyazinthe .... Muscari armeniacum
Tulpe, Garten- .... Tulipa gesneriana
Veilchen, März-/Duft- ..... Viola odorata
Waldmeister .... Galium odoratum
Windröschen, Busch- ..... Anemone nemorosa

1. b) Gehölze (botanische Namen)

Ahorn, Spitz- .... Acer platanoides
Birke, Moor- .... Betula pubescens
Efeu .... Hedera helix
Eiche, Stiel- .... Quercus robur
Flieder .... Syringa vulgaris
Forsythie .... Forsythia x intermedia
Haselnuss .... Corylus avellana
Holunder, Schwarzer ...... Sambucus nigra
Kirsche, Süß-/Vogel- ...... Prunus avium
Quitte .... Cydonia oblonga
Schlehe .... Prunus spinosa
Seidelbast .... Daphne mezereum
Waldrebe, Gemeine .... Clematis vitalba
Weide, Silber- .... Salix alba

2. Insekten (lateinische Namen)

Apollofalter .... Parnassius apollo
Biene .... Apis mellifera
Dickkopffalter .... Thymelicus sylvestris
Fuchs, Kleiner .... Aglais urticae
Gelbspanner .... Opistograptis luteolata
Glühwürmchen .... Lamprohiza splendidula
Hummel .... Bombus hypnorum
Segelfalter .... Iphiclides podalirius
Tagpfauenauge .... Aglais io
Taubenschwanz .... Macroglossum stellatarum

3. Vögel (lateinische Namen)

Amsel .... Turdus merula
Bachstelze .... Motacilla alba
Eisvogel .... Alcedo atthis
Kormoran .... Phalacrocorax carbo
Meise, Blau- .... Cyanistes caeruleus
Meise, Kohl- .... Parus major
Meise, Schwanz- .... Aegitalos caudatus
Nachtigall .... Luscinia megarhynchos

Verzeichnis der Fotos
© Heike Haas

Das Scharbockskraut

Lyrik - Gedichte; Formen, Gedichtbeispiele

Gedichte mit Reim (und Rhythmus)
Frühlingsahnung (9)/ Das erste Grün (21)/
Thymian (60)/

Gedichte ohne Reim, freie Gestaltung
Frühling in schroffen Felsen (26/27)/ Birke im März (29)/
Das Tagpfauenauge (101)/

Elfchen
11 Wörter:1/2/3/4/1 Wort pro Reihe
Blütenknospe (42)/ Leuchtende Wiese (44)/
Waldmeister (74)/

Haiku (nach japanischem Vorbild):
5/7/5 Silben pro Reihe
Glühwürmchen leuchten (140)/ Die Wolke (113)/
Amselgesang (81)/

Tanka (nach japanischem Vorbild):
5/7/5 + 7/7 Silben pro Reihe
Das Märzveilchen (55)/ Spitzahornblüte (56)/
Bärlauch (72)/